国家中职示范校烹饪专业课程系列教材

勺工技能

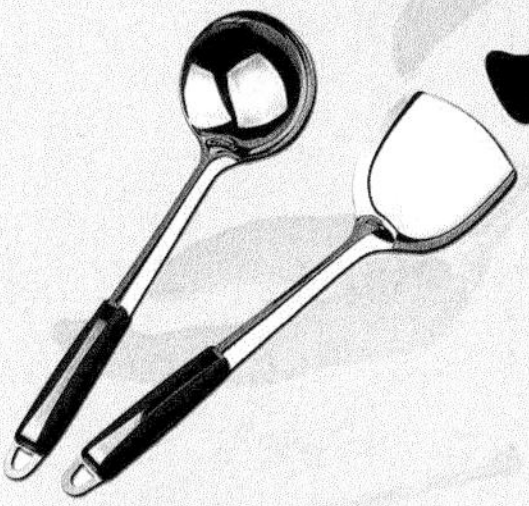

SHAOGONG JINENG

陈卫东 主编

知识产权出版社

图书在版编目（CIP）数据

勺工技能/陈卫东主编.—北京：知识产权出版社，2015.8
ISBN 978-7-5130-3666-5

Ⅰ.①勺… Ⅱ.①陈… Ⅲ.①烹饪－方法－中等专业学校－教材 Ⅳ.①TS972.11

中国版本图书馆 CIP 数据核字(2015)第 165058 号

内容提要

《勺工技能》是为了适应国家中职示范校建设的需要，为开展烹饪专业领域高素质、技能型才培养培训而编写的新型校本教材。本书共 6 个项目，主要内容包括勺工的基本操作姿势、颠翻、侧翻、晃勺、大翻勺、出勺，由浅到深，以便学生融会贯通。

本教材可作为高技能人才培训基地、高职高专、技工院校烹饪专业教学实训用书。

责任编辑：彭喜英

勺工技能

陈卫东　主编

出版发行：	知识产权出版社有限责任公司	网　　址：	http://www.ipph.cn	
电　　话：	010-82004826		http://www.laichushu.com	
社　　址：	北京市海淀区马甸南村 1 号	邮　　编：	100088	
责编电话：	010-82000860 转 8539	责编邮箱：	pengxyjane@163.com	
发行电话：	010-82000860 转 8101/8029	发行传真：	010-82000893/82003279	
印　　刷：	北京九州迅驰传媒文化有限公司	经　　销：	各大网上书店、新华书店及相关专业书店	
开　　本：	880mm×1230mm　1/32	印　　张：	3.5	
版　　次：	2015 年 8 月第 1 版	印　　次：	2015 年 8 月第 1 次印刷	
字　　数：	89 千字	定　　价：	18.00 元	

ISBN 978-7-5130-3666-5

出版权专有　侵权必究

如有印装质量问题，本社负责调换。

牡丹江市高级技工学校教材建设委员会

主　任	原　敏	杨常红			
委　员	王丽君	卢　楠	李　勇	沈桂军	
	刘　新	杨征东	张文超	王培明	
	孟昭发	于功亭	王昌智	王顺胜	
	张　旭	李广合			

本书编委会

主　编	陈卫东			
副主编	郝敏娟	蔡广程	郑子昱	
编　者				
学校人员	张忠金	王亚楠	袁　凝	杨征东
	付文龙	方英杰	刘　扬	谢定北
企业人员	于功亭	刘景军	孟昭发	王连厚
	王成奇			

前　言

2013年4月，牡丹江市高级技工学校被三部委确定为"国家中等职业教育改革发展示范校"创建单位，为扎实推进示范校项目建设，切实深化教学模式改革，实现教学内容的创新，使学校的职业教育更好地适应本地经济特色。学校广泛开展行业、企业调研，反复论证本地相关企业的技能岗位的典型任务与技能需求，在专业建设指导委员会的指导与配合下，科学设置课程体系，积极组织广大专业教师与合作企业的技术骨干研发和编写具有我市特色的校本教材。

示范校项目建设期间，我校的校本教材研发工作取得了丰硕成果。2014年8月，《汽车营销》教材在中国劳动社会保障出版社出版发行。2014年12月，学校对校本教材严格审核，评选出《零件的数控车床加工》《模拟电子技术》《中式烹调工艺》等20册能体现本校特色的校本教材。这套系列教材以学校和区域经济作为本位和阵地，在学生学习需求和区域经济发展分析的基础上，由学校与合作企业联合开发和编制。教材本着"行动导向、任务引领、学做结合、理实一体"的原则编写，以职业能力为核心，有针对性地传授专业知识和训练操作技能，符合新课程理念，对学生全面成长和区域经济发展也会产生积极的作用。

各册教材的学习内容分别划分为若干个单元项目，再分为若干个学习任务，每个学习任务包括任务描述及相关知识、操作步骤和方法、思考与训练等。适合各类学生学用结合、学以致用的学习模式和特点，适合于各类中职学校使用。

《勺工技能》是为了适应国家中职示范校建设的需要，为开展数控加工专业领域高素质、技能型才培养培训而编写的新型校本教材。本书共 6 个项目，主要内容包括勺工的基本操作姿势、颠翻、侧翻、晃勺、大翻勺、出勺，由浅到深，以便学生融会贯通。本教材由陈卫东、郝敏娟、刘景军、蔡广程、张忠金、郑子昱、王亚楠、袁凝编写。由于时间与水平，书中不足之处在所难免，恳请广大教师和学生批评指正，希望读者和专家给予帮助指导！

牡丹江市高级技工学校校本教材编委会
2015 年 3 月

目 录

概 述 ………………………………………………………… 1
学习任务 1—1　勺工工艺之概念及作用 ………………… 6
学习任务 1—2　勺工工艺之基本要求 …………………… 12
学习任务 1—3　勺工工艺之设备及器具 ………………… 18
学习任务 1—4　勺工工艺之基本操作 …………………… 25
学习任务 1—5　勺工工艺之离灶颠翻 …………………… 31
学习任务 1—6　勺工工艺之灶上颠翻 …………………… 37
学习任务 1—7　勺工工艺之前翻 ………………………… 43
学习任务 1—8　勺工工艺之后翻 ………………………… 48
学习任务 1—9　勺工工艺之左侧翻 ……………………… 53
学习任务 1—10　勺工工艺之右侧翻 …………………… 58
学习任务 1—11　勺工工艺之离灶晃勺 ………………… 63
学习任务 1—12　勺工工艺之灶上晃勺 ………………… 68
学习任务 1—13　勺工工艺之晃勺淋汁 ………………… 73
学习任务 1—14　勺工工艺之松勺 ……………………… 78
学习任务 1—15　勺工工艺之大翻勺 …………………… 83
学习任务 1—16　勺工工艺之出勺 ……………………… 89

概 述

勺工工艺一体化教学课时分配表

序号	实训课题	重点内容	课时	学期	课题评估	备注
一	勺工工艺 概念及作用	概念及作用	2	一		
二	勺工工艺 基本要求	基本要求	2	一		
三	勺工工艺 设备及器具	设备及器具	2	一		
四	勺工工艺 基本操作	基本操作	2	一		
五	勺工工艺 离灶颠翻	离灶颠翻	4	一		
六	勺工工艺 灶上颠翻	灶上颠翻	4	一		
七	勺工工艺 前翻	前翻	4	一		
八	勺工工艺 后翻	后翻	4	一		
九	勺工工艺 左侧翻	左侧翻	4	一		
十	勺工工艺 右侧翻	右侧翻	4	一		
十一	勺工工艺 离灶晃勺	离灶晃勺	5	二		
十二	勺工工艺 灶上晃勺	灶上晃勺	5	二		
十三	勺工工艺 晃勺淋汁	晃勺淋汁	5	二		
十四	勺工工艺 松勺	松勺	5	二		

勺工技能

续表

序号	实训课题	重点内容	课时	学期	课题评估	备注
十五	勺工工艺 大翻勺	大翻勺	6	二		
十六	勺工工艺 出勺	出勺	6	二		

勺工工艺一体化课程标准

一体化课程名称	勺工工艺	基准学时	

典型工作任务描述

勺工工艺就是根据烹调的要求，根据不同的翻勺方法采用运勺的基本技巧。由于菜肴的品种千变万化，所对应的烹调、翻勺方法也多种多样，因此勺工工艺是针对不同的菜品而采用的技法。

工作内容分析

工作对象： 了解勺工工艺的性质和特点。明确菜品的要求，选择正确勺工及火候来满足菜品的要求，以及卫生要求	工具、材料、设备、资料。 工具：灶具、练功架、料理台、手勺、大勺、沙子、符合实训教材菜品的原料。 设备：料理台及设备使用操作说明、维修手册和安全操作规程等。 资料：	工作要求： 了解勺工的性质和特点。 运用勺工功艺来满足不同菜品的需求。 按照行业流程进行操作，使学生能与行业里的上级及同事进行沟通。 能正确使用、保养和维护设备及工具。 理解企业文化，遵守企业规章。 遵守国家有关法律法规卫生要求，符合国家标准

课程目标

1. 能够掌握勺工工艺的基本方法。
2. 能够掌握菜品与勺工技法的合理应用。
3. 能够熟练掌握勺工工艺的各种技法。

学习内容

主要包括：
勺工工艺的各种技法。

概 述

参考性学习任务

序号	名称	学时
1	初级	36
2	中级	36
3	高级	36

教学实施建议

1. 学生在学习本课程之前,应能正确使用各种工具,对所用原料有一定的了解,掌握勺工的基本方法。
2. 教师应熟练掌握勺工工艺流程,能胜任本课程的一体化教学,能正确示范、科学指导、合理组织、安排实施教学,能很好地处理教学实施过程中的各种问题。
3. 院校要为本课程的实施提供一体化的教学设备、场所和烹饪原料,要做到学生一人一工位,要按照企业的实际操作情况,配备与本课程教学实施配套的相关设备。
4. 教学基本流程
   (1) 由院校统一购买课程所用原料。
   (2) 教师引导学生通过小组讨论的方式,进行勺工工艺流程。
   (3) 学生对自己的勺工工艺进行自评和互评。
   (4) 教师对学生勺工工艺进行点评。
   (5) 教师讲解操作方法,并正确示范全过程。
   (6) 学生在教师指导下完成勺工工艺的技法。
   (7) 教师点评学生完成情况,总结分析。
   (8) 依据任务的实施情况,安排相应的强化训练和拓展训练任务。
   (9) 整理工具和设备,填写实训室使用记录。
5. 教学实施的重点和难点
   重点:勺工功艺的基本方法和实际应用。
   难点:熟练掌握勺工工艺的方法和应用。

教学考核

通过本课程学习,学生应能独立完成勺工,并达到以下目标要求:
1. 独立完成勺工的各种技法,达到一定目标要求。
2. 能合理运用勺工来解决菜肴的特定需求。

 勺工技能

勺工工艺一体化课程
勺工工艺学习情境工作页（一）

授课班级		授课教师		授课时间节次	
教学组织和方法：工学一体					
情景名称		教学方法	任务教学法 演示教学法	学时	
工作任务	讲授演示				
资讯	1. 了解任务目标，工艺要求。 2. 正确选择原料，规范操作。 3. 教师将勺工任务书发给学生。 4. 教师采用PPT课件讲解勺工工艺，要点难点。 5. 掌握学生勺工工艺的情况，并提出不足加以改进。				
决策	1. 教师给学生提供原料、工具，并提示安全使用要求。 2. 教师为咨询者，接受学生咨询并及时解决问题。 3. 将学生分组进行讨论。				
计划	以讨论的方式完成勺工工艺，教师审核任务书。				
实施	1. 教师检查学生仪容仪表。 2. 教师对勺工工艺进行规范操作。 3. 教师监控学生练习勺工过程并及时纠正错误。 4. 教师对作品进行检查，记录在任务书中。				
检查	1. 完成勺工后，学生要对场地进行清洗，教师监控。 2. 对学生勺工进行评价。				
评价	1. 根据勺工进行评价、学生自评、互评和教师评价。 2. 学生根据教师意见完成课后作业。				

餐旅商贸系烹调教研室签批：

概 述

勺工工艺一体化课程任务书

班级	小组	课题	日期

任务内容

任务实施

小组任务实施

卫生安全

学习任务 1—1 勺工工艺之概念及作用

【课题目标】
使学生掌握勺工的概念及作用。
【课题任务】
使学生理解勺工的概念及作用。
【课题要点】
勺工的概念及作用。
【课题难点】
勺工的概念及作用。
【课题准备】

一、器具及原料

器具：灶具、练功架、大勺、手勺。

原料：砂子、蔬菜、淀粉。

二、翻勺前准备

1. 大勺、手勺每人一把，一工位，砂子 1.5 斤，加水少许，保持砂子湿润。

2. 清理地面、灶台，保持地面不打滑。

3. 前后左右保持一定距离，防止翻勺时碰伤人。

三、勺工工艺

勺工是把火（热能）、器、料、水、技等五个烹饪要素有机结合在一起，实施烹饪并达到烹饪目的的综合性技艺。它要求操作者既能顾及到器具的特点，又能考虑到火力的情况、温度的变化及料与水的变化，依法（技法）使力施艺，实施烹与调的活动。

（一）勺工的概念

所谓勺工，是指在临灶烹调过程中，使用不同的力度，运用不

学习任务1-1　勺工工艺之概念及作用

同的运勺方法，采取一连贯的动作，从而完成菜肴制作的整个过程的操作技术。勺工是运动炒勺临灶操作的一项技术。在运勺过程中，由于力度不同，力的方向不同，推、拉、扬、晃、举、颠倒、翻等动作的结果也不同。运勺的方法往往根据技法和原料及成菜的特点要求来选择，有很大的灵活性、机动性，所采取的动作是否合理、连贯，是否协调一致，往往决定操作的成功与失败。这些技术性、机巧性的活动，需要一个实践锻炼过程才能完善，所以有时把勺工也称做"勺工"，其含义是指运用炒勺临灶进行操作的功夫。

（二）勺工的作用

1. 保证烹饪原料均匀地受热成熟和上色：

原料在勺内不停移动或翻转，使原料的受热均匀一致，成熟度一致，原料的上色程度一致。及时端勺离火，能够控制原料受热程度、成熟程度。

2. 保证原料入味均匀：

原料的不断翻动使投入的调味料能够迅速而均匀地与主辅料融合渗透，使口味轻重一致，滋味渗透交融。

3. 构成原料各具特色的质感：

如原料的嫩、脆与原料的失水程度相关，迅速地翻拌使原料能够及时受热，尽快成熟，使水分尽可能少地流失，从而达到菜肴嫩、脆的质感。不同菜肴其原料受热的时间要求不同，勺工操作可以有效地控制原料在勺中的时间和受热的程度，因而形成其特有的质感。

4. 保证勾芡的质量：

通过晃勺、翻勺可使芡粉分布均匀，成熟一致。

5. 保持菜肴的形状：

对一些质嫩不宜进行搅动、翻拌的原料，可采用晃勺，而不使料形破碎；对一些要求形整不乱的菜肴，翻勺可以使菜形不散乱，如烧、扒菜的大翻勺。

6. 形成菜肴独特的风味：

如各菜系的代表菜（鲁菜的葱烧海参、川菜的干煸牛肉丝、淮扬菜的大煮干丝等），就是运用不同的勺工和火候来达到一定的要求。

勺工技能

【课题互动】

一、演示勺工工艺

在一体化实训室里为学生演示勺工工艺的作用,按步骤逐一讲解和示范,循序渐进,姿势动作规范,使学生在练习勺工工艺时能正确规范地完成。

二、指导学生完成勺工工艺

在学生练习时,明确思想,高标准严要求,引导学生运用正确的勺工手法,纠正错误,提出和改正不足,使学生充分理解勺工工艺的作用。

三、课题总结

填写一体化评估表,树立手脑并用,理论联系实际的学习方法,培养爱岗敬业的工作态度,根据练习情况,学生自评、互评和教师评价。做好器具维护,卫生清洁及安全工作。

四、布置作业

【课题评估】

能熟练掌握勺工工艺,并且掌握正确的勺工方法,双手协调,动作规范,卫生清洁。

学习任务1-1 勺工工艺之概念及作用

勺工工艺一体化课程评估表

姓名	班级	课题	授课教师	课时	节次

勺工工艺流程	学生评价	小组评价

学生作品课题要求

形象	站姿	持勺	表情	散落	连贯	配合	卫生	时间	安全

教师评价	评估小组评价	教研室评价

餐旅商贸系签批： 烹调教研室签批： 年 月 日

 勺工技能

勺工工艺一体化课程
勺工工艺学习情境工作页（二）

授课班级		授课教师		授课时间节次	

教学组织和方法：工学一体

情景名称		教学方法	任务教学法 演示教学法	学时	
工作任务	讲授演示				
资讯	1. 了解任务目标，工艺要求。 2. 正确选择原料，规范操作。 3. 教师将勺工任务书发给学生。 4. 教师采用PPT课件讲解勺工工艺，要点难点。 5. 掌握学生勺工工艺的情况，并提出不足加以改进。				
决策	1. 教师给学生提供原料、工具并提示安全使用要求。 2. 教师为咨询者，接受学生咨询并及时解决问题。 3. 将学生分组进行讨论。				
计划	以讨论的方式完成勺工工艺，教师审核任务书。				
实施	1. 教师检查学生仪容仪表。 2. 教师对勺工工艺进行规范操作。 3. 教师监控学生练习勺工过程并及时纠正错误。 4. 教师对作品进行检查，记录在任务书中。				
检查	1. 完成勺工后，学生要对场地进行清洗，教师监控。 2. 对学生勺工进行评价。				
评价	1. 根据勺工进行评价，学生自评、互评和教师评价。 2. 学生根据教师意见完成课后作业。				

学习任务1-1 勺工工艺之概念及作用

勺工工艺一体化课程任务书

班级	小组	课题	日期

任务内容

任务实施

小组任务实施

卫生安全

学习任务1—2　勺工工艺之基本要求

【课题目标】

使学生掌握勺工工艺之基本要求。

【课题任务】

使学生理解勺工工艺之基本要求。

【课题要点】

勺工工艺之基本要求。

【课题难点】

勺工工艺之基本要求。

【课题准备】

一、器具及原料

器具：灶具、练功架、大勺、手勺。

原料：砂子、蔬菜、淀粉。

二、翻勺前准备

1. 大勺、手勺每人一把，每人一工位，砂子1.5斤，加水少许，保持砂子湿润。

2. 清理地面、灶台，保持地面不打滑。

3. 前后左右保持一定距离，防止翻勺时碰伤人。

三、勺工工艺之基本要求

1. 掌握勺工技术各个环节的技术要领：

勺工技术由端握勺、晃勺、翻勺、出勺等技术环节组成。不同的环节都有其技术上的标准方法和要求，只有掌握了这些要领并按此去操作，才能达到勺工技术的目的。

2. 操作者要有良好的身体素质与扎实的基本功：

勺工操作要有很好的体能与力量才能完成一系列的动作，而只有扎实的基本功训练才能练就操勺动作的准确性、机巧性，达到应

学习任务1-2 勺工工艺之基本要求

有的技术要求。

3. 要有良好的烹调技法与原料知识素养：

熟悉技法要求和原料的性质特点。在实际操作中因法运用勺工、因料运用勺工，才能烹制出符合风味特色要求的菜肴。

4. 勺工操作要求动作简捷、利落、连贯协调：

勺工操作中杜绝拖泥带水、迟疑缓慢。因为菜肴在烹制时，对时间的要求是很讲究的，有快速成菜的菜肴，也有慢火成菜的菜肴，何时该翻勺调整料的受热部分都有一定的要求，所以及时调整火候是不能迟疑和拖沓的，只有简捷利落、连贯协调、一气呵成才能符合成菜的工艺标准。

5. 晃勺、翻勺过程中的要求：

勺中的料和汤汁不洒不溅，料不粘勺、不糊锅，既清洁卫生又符合营养卫生的要求，保持菜肴的色泽与光洁度。

勺工中的各种力与物体的运动符合力学原理。

1. 动力。源于人体的生物能。通过人的手和勺的把柄作用于勺（锅）和其中的物体，使之发生各种运动。

2. 摩擦力。是勺中物体与勺壁之间产生的相互作用力，是人通过手臂的运动带动勺中物体朝一定方向、按一定速度运动的条件之一。

3. 向心力。勺中原料获得一定的动力之后，按惯性、沿勺（锅）壁以抛物线的轨迹运动的一个分力。

此外还有重力等力也发生作用。在勺中物料运动过程中，如果在某个方向的力突然加大，物料会朝着这个方向发生移动（扬颠）；当这个力大到一定程度时，物料会顺着运动的方向，沿勺（锅）壁抛物线角度抛（扬）起而脱离勺（锅）的摩擦力的作用。如果这时手和勺停止运动，动力消失，物料会洒落出勺（锅）外面。如果这时手和勺按照物料被抛起的轨迹去迎接物料，它就又会落入勺（锅）中。这就是我们在操作中常见到的物料洒落与不洒落在勺外的原因。如果在物料回落勺（锅）中时，手和勺迅速迎接（举），这时，上迎的力与物料回落时的重力相作用，产生反弹力，会使物料溅洒出勺外。

勺工技能

如果物料在即将被抛出勺（锅）沿、沿勺（锅）壁的抛物线角度作惯性运动时，我们及时撤回送出去的力，同时自其相反方向施加一个拉回来的力，物料在向心力和拉回来的力合力的作用下，会迅即回落到勺（锅）之中，回落的物料会底面向上。这就是我们经常在勺工操作中看见的物料翻了身折回勺（锅）中的原因（翻）。

以上就是在勺工中推、拉、送、扬、晃、举、颠、翻时各种力的相互作用的情形。勺工中的"倒"是物料的重力与勺（锅）的摩擦力相互作用时，重力克服了摩擦阻力而产生运动的结果。

【课题互动】

一、演示勺工工艺

在一体化实训室里为学生演示勺工工艺的作用，按步骤逐一讲解和示范，循序渐进，姿势动作规范，使学生在练习勺工工艺时能正确规范地完成。

二、指导学生完成勺工工艺

在学生练习时，明确思想，高标准严要求，引导学生运用正确的勺工手法，纠正错误，提出和改正不足，使学生充分理解勺工工艺的作用。

三、课题总结

填写一体化评估表，树立手脑并用，理论联系实际的学习方法，培养爱岗敬业的工作态度，根据练习情况，学生自评、互评和教师评价。做好器具维护，卫生清洁及安全工作。

四、布置作业

【课题评估】

能熟练掌握勺工工艺，并且掌握正确的勺工方法，双手协调，动作规范，卫生清洁。

学习任务1-2 勺工工艺之基本要求

勺工工艺一体化课程评估表

姓名	班级	课题	授课教师	课时	节次

勺工工艺流程	学生评价	小组评价

学生作品课题要求

形象	站姿	持勺	表情	散落	连贯	配合	卫生	时间	安全

教师评价	评估小组评价	教研室评价

餐旅商贸系签批：   烹调教研室签批：   年   月   日

 勺工技能

勺工工艺一体化课程
勺工工艺学习情境工作页（三）

授课班级		授课教师		授课时间节次	
教学组织和方法：工学一体					
情景名称		教学方法	任务教学法 演示教学法	学时	
工作任务	讲授演示				
资讯	1. 了解任务目标，工艺要求。 2. 正确选择原料，规范操作。 3. 教师将勺工任务书发给学生。 4. 教师采用PPT课件讲解勺工工艺，要点难点。 5. 掌握学生勺工工艺的情况，并提出不足加以改进。				
决策	1. 教师给学生提供原料、工具并提示安全使用要求。 2. 教师为咨询者，接受学生咨询并及时解决问题。 3. 将学生分组进行讨论。				
计划	以讨论的方式完成勺工工艺，教师审核任务书。				
实施	1. 教师检查学生仪容仪表。 2. 教师对勺工工艺进行规范操作。 3. 教师监控学生练习勺工过程并及时纠正错误。 4. 教师对作品进行检查，记录在任务书中。				
检查	1. 完成勺工后，学生要对场地进行清洗，教师监控。 2. 对学生勺工进行评价。				
评价	1. 根据勺工进行评价，学生自评、互评和教师评价。 2. 学生根据教师意见完成家庭作业。				

餐旅商贸系烹调教研室签批：

学习任务1-2 勺工工艺之基本要求

勺工工艺一体化课程任务书

班级	小组	课题	日期

任务内容

任务实施

小组任务实施

卫生安全

学习任务1—3　勺工工艺之设备及器具

【课题目标】
使学生掌握勺工设备及器具的应用。
【课题任务】
使学生理解勺工设备及器具的应用
【课题要点】
勺工设备及器具的应用。
【课题难点】
勺工设备及器具的应用。
【课题准备】

设备及器具

一、器具及原料

器具：灶具、练功架、大勺、手勺。

原料：砂子、蔬菜、淀粉。

二、翻勺前准备

1. 大勺、手勺每人一把，每人一工位，砂子1.5斤，加水少许，保持砂子湿润。

2. 清理地面、灶台，保持地面不打滑。

3. 前后左右保持一定距离，防止翻勺时碰伤人。

三、勺工工艺设备及器具

从材质上分，有生铁与熟铁两种：生铁锅多用作煎锅、电磁炉专用锅；熟铁锅是一般的炒锅，由于自身比较轻，广泛作为炒勺和汤勺使用。

大勺：从形状上分有单耳与双耳两种，单耳又叫单柄锅。大勺东北人常使用，号码有大、中、小三种。双耳锅南方厨师常用。

学习任务1-3 勺工工艺之设备及器具

(一) 握勺的手势

1. 单柄锅:

左手握住勺柄,手心朝右上方,大拇指在勺柄上面,其他四指弓起,指尖朝上,手掌与水平面约成140°夹角,合力握住勺柄。

2. 双耳锅:

用左手大拇指扣紧锅耳的左上侧,其他四指微弓朝下右斜张托住锅壁。

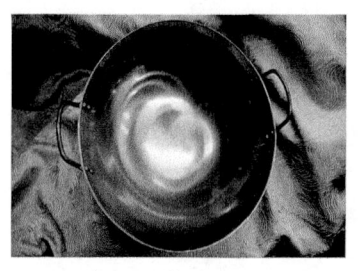

(二) 手勺、扁铲

主要用于菜肴的翻拌及调料的加入,有大头与小头之分,大部分地区用小头的,广东厨师一般用大头的,这种手勺加汤方便,但是加调料费事,与小头的各有优缺点,人们可根据自己的实际情况进行挑选。

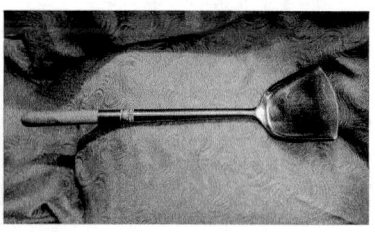

(三) 握手勺姿势

用右手的中指、无名指、小拇指与手掌合力握住勺柄,主要目的是在操作过程中起到推、拉、搅拌的作用。具体方法是:食指前伸(对准勺碗背部方向),紧贴勺柄右侧,大拇指伸直,与食指、中指合力握住手勺柄后端,勺柄末端顶住手心,牢而不死,施力、变向均要做到灵活自如。

勺工技能

（四）漏勺

（五）密笊篱

（六）勺的保养

新勺使用前要用砂纸磨光，再用油润透，这样原料不易粘锅，一天工作结束后要把勺的里面和底部及勺柄清理干净。

【课题互动】

一、演示勺工工艺

在一体化实训室里为学生演示设备与器具的应用，按步骤逐一讲解和示范，循序渐进，姿势动作规范，使学生在练习勺工工艺时能正确规范地完成。

二、指导学生完成勺工工艺

在学生练习时，明确思想，高标准严要求，引导学生运用正确的设备与器具的应用方法，纠正错误，提出和改正不足，使学生充分理解勺工工艺的作用。

三、课题总结

填写一体化评估表，树立手脑并用，理论联系实际的学习方法，培养爱岗敬业的工作态度，根据练习情况，学生自评、互评和教师评价。做好器具维护，卫生清洁及安全工作。

四、布置作业

【课题评估】

能熟练掌握勺工工艺，并且掌握正确的勺工设备及器具的应用方法，双手协调，动作规范，卫生清洁。

学习任务1-3　勺工工艺之设备及器具

 勺工技能

勺工工艺一体化课程评估表

姓名	班级	课题	授课教师	课时	节次

勺工工艺流程	学生评价	小组评价

学生作品课题要求

形象	站姿	持勺	表情	散落	连贯	配合	卫生	时间	安全

教师评价	评估小组评价	教研室评价

餐旅商贸系签批： 烹调教研室签批： 年 月 日

学习任务1-3 勺工工艺之设备及器具

勺工工艺一体化课程
勺工工艺学习情境工作页（四）

授课班级		授课教师		授课时间节次	
教学组织和方法：工学一体					
情景名称		教学方法	任务教学法 演示教学法	学时	
工作任务	讲授演示				
资讯	1. 了解任务目标，工艺要求。 2. 正确选择原料，规范操作。 3. 教师将勺工任务书发给学生。 4. 教师采用PPT课件讲解勺工工艺，要点难点。 5. 掌握学生勺工工艺的情况，并提出不足加以改进。				
决策	1. 教师给学生提供原料、工具并提示安全使用要求。 2. 教师为咨询者，接受学生咨询并及时解决问题。 3. 将学生分组进行讨论。				
计划	以讨论的方式完成勺工工艺，教师审核任务书。				
实施	1. 教师检查学生仪容仪表。 2. 教师对勺工工艺进行规范操作。 3. 教师监控学生练习勺工过程并及时纠正错误。 4. 教师对作品进行检查，记录在任务书中。				
检查	1. 完成勺工后，学生要对场地进行清洗，教师监控。 2. 对学生勺工进行评价。				
评价	1. 根据勺工进行评价，学生自评、互评和教师评价。 2. 学生根据教师意见完成课后作业。				

 勺工技能

勺工工艺一体化课程任务书

班级	小组	课题	日期

任务内容

任务实施

小组任务实施

卫生安全

学习任务1—4　勺工工艺之基本操作

【课题目标】

使学生掌握勺工的基本操作。

【课题任务】

使学生理解勺工的基本操作。

【课题要点】

勺工基本操作的作用。

【课题难点】

勺工基本操作的作用。

【课题准备】

一、器具及原料

器具：灶具、练功架、大勺、手勺。

原料：砂子、蔬菜、淀粉。

二、翻勺前准备

1. 大勺、手勺每人一把，每人一工位，砂子1.5斤，加水少许，保持砂子湿润。

2. 清理地面、灶台，保持地面不打滑。

3. 前后左右保持一定距离，防止翻勺时碰伤人。

三、勺工工艺之基本操作方法

勺工就是根据烹调的要求，根据不同的翻勺方法采用运勺的基本技巧。勺工是厨师应掌握的基本功之一，简单来说就是厨师使用勺的方法，由于菜肴的品种千变万化，所对应的烹调方法也是多种多样，因此翻勺的方法也不一样，以后我们会分别介绍各种翻勺

 勺工技能

技法。

(一) 勺工训练的意义

勺工训练是制作菜肴的前提和基础。大部分菜肴的制作都要在勺中加热,因此持勺的腕力训练,翻勺的两手配合,各种技法的综合运用就显得尤为重要,作为一名厨师,必须练好各种翻勺技法,以便更好地制作菜肴。

(二) 勺工工艺之基本操作姿势

1. 站立姿势:练习翻勺时,上身自然挺起,不要弯腰曲背,两腿自然分开站稳,不超过肩宽。身体稍前倾,目光注视勺中的砂袋。

2. 握勺姿势:右手持手勺,握住手勺的后部,手勺柄与大勺柄的方向略垂直。左手握大勺,掌心向下或向右,手与大勺越近越好,但不能靠上大勺。

3. 两手相互配合,翻动原料,使原料在掌握中运动

(三) 操作要点及注意事项

1. 勺工训练必须具有吃苦耐劳的精神和强健的身体,刚开始练习时会感觉很累,有的人由于握勺姿势错误,或是握勺太用力,手会磨出水泡,这时不要挑破,时间长了生成老茧就会好的。

2. 勺工训练要求动作准确,灵活,协调统一。正确规范的动作是练好勺工的必备条件,所以在学习时一定要看好示范教师的动作,从而做到动作准确。协调统一主要是两手的配合,这是练好勺工的关键,两手协调得好,就会使原料在自己的控制下运动。而动作的灵活与熟练是长时间训练的结果,只要我们耐心坚持就能熟练地掌握这门技术。

3. 勺工训练要求翻勺无抛撒。初学者在训练时掌握不好翻勺的力度,往往造成翻勺力度过大,从而使原料撒到勺外,长期不注意,就会造成习惯动作,如果换成实料,抛洒的会更多,因此在刚开始的砂子训练时就要格外注意。

学习任务1-4 勺工工艺之基本操作

【课题互动】

一、演示勺工工艺

在一体化实训室里为学生演示勺工工艺的基本操作，按步骤逐一讲解和示范，循序渐进，姿势动作规范，使学生在练习勺工工艺时能正确规范地完成。

二、指导学生完成勺工工艺

在学生练习时，明确思想，高标准严要求，引导学生运用正确的基本操作方法，纠正错误，提出和改正不足，使学生充分理解勺工工艺的作用。

三、课题总结

填写一体化评估表，树立手脑并用，理论联系实际的学习方法，培养爱岗敬业的工作态度，根据练习情况，学生自评、互评和教师评价。做好器具维护，卫生清洁及安全工作。

四、布置作业

【课题评估】

能熟练掌握勺工工艺基本操作，并且掌握正确的勺工方法，双手协调，动作规范，卫生清洁。

 勺工技能

勺工工艺一体化课程评估表

姓名	班级	课题	授课教师	课时	节次

勺工工艺流程	学生评价	小组评价

学生作品课题要求

形象	站姿	持勺	表情	散落	连贯	配合	卫生	时间	安全

教师评价	评估小组评价	教研室评价

餐旅商贸系签批： 烹调教研室签批： 年 月 日

学习任务1-4 勺工工艺之基本操作

勺工工艺一体化课程
勺工工艺学习情境工作页（五）

授课班级		授课教师		授课时间节次	
教学组织和方法：工学一体					
情景名称		教学方法	任务教学法 演示教学法	学时	
工作任务	讲授演示				
资讯	1. 了解任务目标，作品要求。 2. 正确选择原料，规范操作。 3. 教师将勺工任务书发给学生。 4. 教师采用PPT课件讲解勺工工艺，要点难点。 5. 掌握学生勺工工艺的情况，并提出不足加以改进。				
决策	1. 教师给学生提供原料、工具并提示安全使用要求。 2. 教师为咨询者，接受学生咨询并及时解决问题。 3. 将学生分组进行讨论。				
计划	以讨论的方式完成勺工工艺，教师审核任务书。				
实施	1. 教师检查学生仪容仪表。 2. 教师对勺工工艺进行规范操作。 3. 教师监控学生练习勺工过程并及时纠正错误。 4. 教师对作品进行检查，记录在任务书中。				
检查	1. 完成勺工后，学生要对场地进行清洗，教师监控。 2. 对学生勺工进行评价。				
评价	1. 根据勺工进行评价，学生自评，互评和教师评价。 2. 学生根据教师意见完成课后作业。				

 勺工技能

勺工工艺一体化课程任务书

班级	小组	课题	日期

任务内容

任务实施

小组任务实施

卫生安全

学习任务 1—5　勺工工艺之离灶颠翻

【课题目标】
通过训练使学生掌握勺工工艺——离灶颠翻的方法。

【课题任务】
熟练掌握离灶颠翻的操作方法，进一步形成技能、技巧。

【课题要点】
离灶颠翻的方法。

【课题难点】
离灶颠翻的应用。

【课题准备】

一、器具及原料
器具：灶具、练功架、大勺、手勺。
原料：砂子、蔬菜、淀粉。

二、翻勺前准备
1. 大勺、手勺每人一把，每人一工位，砂子1.5斤，加水少许，保持砂子湿润。

2. 清理地面、灶台，保持地面不打滑。

3. 前后左右保持一定距离，防止翻勺时碰伤人。

三、勺工工艺
勺工技术总体上可分大翻与小翻两种。大翻勺我们以后再讲，小翻勺又叫颠勺，就是我们所说的颠翻，是勺工最基本的技术之一，也是最常用的翻勺技巧。即将勺连续向上颠动，使菜肴松动，卤汁包裹原料避免粘勺的翻勺技术，颠翻的技术可分为几个部分。

1. 大勺向上颠，使原料抛起，起得不要过高。

2. 大勺向后拉带动原料向后抛，这两个动作是连在一起的，实际操作中是分不开的，但是必须有。

勺工技能

3. 手勺向前推,这个动作是和第二个动作同时进行的,无前后之分。

4. 手勺回位到大勺边上,或是停留在大勺中,这是根据翻勺的方法不同决定的。

(一)快翻

1. 左手持大勺,掌心向右,握住勺柄。右手持手勺,勺柄的方向与大勺柄的方向略垂直。

2. 大勺前部向上挑,后部向下压,原料抛起再落下,动作要快,手勺有时不用配合。

3. 此方法用于拔丝菜肴,或是原料的出勺,因为大勺有余热,防止粘勺。

(二)慢翻

1. 左手持大勺,掌心向右,握住勺柄。右手持手勺,勺柄的方向与大勺柄的方向略垂直。

2. 大勺前部向上挑,后部向下压,原料抛起再落下(也可落在手勺上)。

3. 此方法用于带糊菜肴的拔丝,动作不要太快,翻勺次数不要过多,以防止脱糊。

四、操作要点及注意事项

1. 注意大勺与手勺的协调:大勺运动的方向与手勺的方向正好相反,初学者最容易同步,就是我们所说的顺拐,只有长期训练才能做好。

2. 根据菜肴的不同决定翻勺的方法:制作的菜肴不同,采用的翻勺技法也不一样,因此我们要学会多种翻勺技术,以适应各种菜肴的制作。

3. 以上颠翻防止抛洒,防止勺动菜不动,防止大勺大起大落。颠翻除了注意以上的要求外,还要注意其他的动作,如站立姿势、翻勺姿势,动作的协调性,熟练程度。要做到姿势优美,动作娴熟,不是一天两天就能完成的,只有长期的积累苦练才能成功。

【课题互动】

一、演示勺工工艺

在一体化实训室里为学生演示勺工工艺的离灶颠翻,按步骤逐

学习任务1-5 勺工工艺之离灶颠翻

一讲解和示范，循序渐进，姿势动作规范，使学生在练习离灶颠翻时能正确规范地完成。

二、指导学生完成勺工工艺

在学生练习时，明确思想，高标准严要求，引导学生运用正确的离灶颠翻方法，纠正错误，提出和改正不足，使学生充分理解勺工工艺的作用。

三、课题总结

填写一体化评估表，树立手脑并用，理论联系实际的学习方法，培养爱岗敬业的工作态度，根据练习情况，学生自评、互评和教师评价。做好器具维护，卫生清洁及安全工作。

四、布置作业

【课题评估】

能熟练掌握勺工工艺，并且掌握正确的离灶颠翻方法，双手协调，动作规范，卫生清洁。

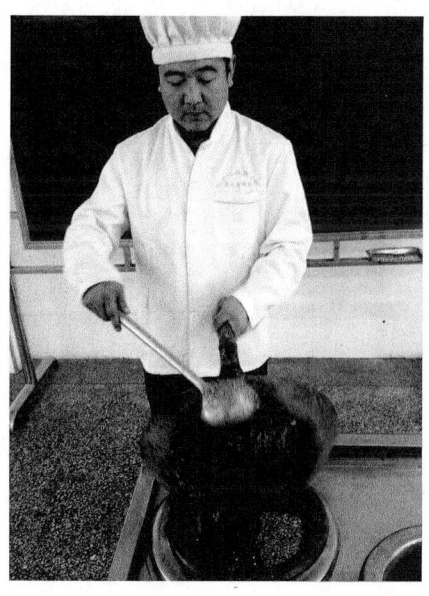

 勺工技能

勺工工艺一体化课程评估表

姓名	班级	课题	授课教师	课时	节次

勺工工艺流程	学生评价	小组评价

学生作品课题要求

形象	站姿	持勺	表情	散落	连贯	配合	卫生	时间	安全

教师评价	评估小组评价	教研室评价

餐旅商贸系签批： 烹调教研室签批： 年 月 日

学习任务1-5 勺工工艺之离灶颠翻

勺工工艺一体化课程
勺工工艺学习情境工作页（六）

授课班级		授课教师		授课时间节次	
教学组织和方法：工学一体					
情景名称		教学方法	任务教学法 演示教学法	学时	
工作任务	讲授演示				
资讯	1. 了解任务目标，作品要求。 2. 正确选择原料，规范操作。 3. 教师将勺工任务书发给学生。 4. 教师采用PPT课件讲解勺工工艺，要点难点。 5. 掌握学生勺工工艺的情况，并提出不足加以改进。				
决策	1. 教师给学生提供原料、工具，并提示安全使用要求。 2. 教师为咨询者，接受学生咨询并及时解决问题。 3. 将学生分组进行讨论。				
计划	以讨论的方式完成勺工工艺，教师审核任务书。				
实施	1. 教师检查学生仪容仪表。 2. 教师对勺工工艺进行规范操作。 3. 教师监控学生练习勺工过程并及时纠正错误。 4. 教师对作品进行检查，记录在任务书中。				
检查	1. 完成勺工后，学生要对场地进行清洗，教师监控。 2. 对学生勺工进行评价。				
评价	1. 根据勺工进行评价，学生自评、互评和教师评价。 2. 学生根据教师意见完成课后作业。				

 勺工技能

勺工工艺一体化课程任务书

班级	小组	课题	日期

任务内容

任务实施

小组任务实施

卫生安全

学习任务1—6 勺工工艺之灶上颠翻

【课题目标】
通过训练使学生掌握勺工工艺——灶上颠翻的方法。
【课题任务】
熟练掌握灶上颠翻的操作方法,进一步形成技能、技巧。
【课题要点】
灶上颠翻的方法。
【课题难点】
灶上颠翻的应用。
【课题准备】
一、器具及原料
器具:灶具、练功架、大勺、手勺。
原料:砂子、蔬菜、淀粉。
二、翻勺前准备
1. 大勺、手勺每人一把,每人一工位,砂子1.5斤,加水少许,保持砂子湿润。
2. 清理地面、灶台,保持地面不打滑。
3. 前后左右保持一定距离,防止翻勺时碰伤人。
三、勺工工艺
(一)快翻
1. 左手持大勺,掌心向右,握住勺柄。右手持手勺,勺柄的方向与大勺柄的方向略垂直。
2. 大勺向后拉,手勺向前推,使原料由前向后翻动,每次至少翻过全部原料的三分之一,动作要快,不能停顿。
3. 此方法主要用于火力很旺的菜肴制作,如素菜、汤汁、芡汁较少的荤菜。

勺工技能

（二）慢翻

1. 左手持大勺，掌心向右，握住勺柄。右手持手勺，勺柄的方向与大勺柄的方向略垂直。

2. 大勺先推后拉，使原料翻起落在手勺上，再落在大勺内，至少翻过原料的二分之一，动作不要太快，一下一下地运勺。

3. 此方法用于烧菜、溜菜等芡汁较大的菜肴制作，如翻锅过快会使菜肴失去亮度。

四、操作要点及注意事项

1. 注意大勺与手勺的协调：大勺运动的方向与手勺的方向正好相反，初学者最容易同步，就是我们所说的顺拐，只有长期训练才能做好。

2. 根据菜肴的不同决定翻勺的方法：制作的菜肴不同，采用的翻勺技法也不一样，因此我们要学会多种翻勺技术，以适应各种菜肴的制作。

3. 以上颠翻防止抛洒，防止勺动菜不动，防止大勺大起大落。颠翻除了注意以上的要求外，还要注意其他的动作，如站立姿势、翻勺姿势，动作的协调性、熟练程度。要做到姿势优美，动作娴熟，不是一天半天就能完成的，只有长期的积累苦练才能成功。

【课题互动】

一、演示勺工工艺

在一体化实训室里为学生演示勺工工艺的灶上颠翻，按步骤逐一讲解和示范，循序渐进，姿势动作规范，使学生在练习灶上颠翻时能正确规范地完成。

二、指导学生完成勺工工艺

在学生练习时，明确思想，高标准严要求，引导学生运用正确的灶上颠翻方法，纠正错误，提出和改正不足，使学生充分理解勺工工艺的作用。

三、课题总结

填写一体化评估表，树立手脑并用，理论联系实际的学习方法，培养爱岗敬业的工作态度，根据练习情况，学生自评、互评和教师

学习任务1-6 勺工工艺之灶上颠翻

评价。做好器具维护，卫生清洁及安全工作。

【课题评估】

能熟练掌握勺工工艺，并且掌握正确的灶上颠翻方法，双手协调，动作规范，卫生清洁。

 勺工技能

勺工工艺一体化课程评估表

姓名	班级	课题	授课教师	课时	节次

勺工工艺流程	学生评价	小组评价

学生作品课题要求

形象	站姿	持勺	表情	散落	连贯	配合	卫生	时间	安全

教师评价	评估小组评价	教研室评价

餐旅商贸系签批： 烹调教研室签批： 年 月 日

学习任务1-6 勺工工艺之灶上颠翻

勺工工艺一体化课程
勺工工艺学习情境工作页（七）

授课班级		授课教师		授课时间节次	
教学组织和方法：工学一体					
情景名称		教学方法	任务教学法 演示教学法	学时	
工作任务	讲授演示				
资讯	1. 了解任务目标，作品要求。 2. 正确选择原料，规范操作。 3. 教师将勺工任务书发给学生。 4. 教师采用PPT课件讲解勺工工艺，要点难点。 5. 掌握学生勺工工艺的情况，并提出不足加以改进。				
决策	1. 教师给学生提供原料、工具，并提示安全使用要求。 2. 教师为咨询者，接受学生咨询并及时解决问题。 3. 将学生分组进行讨论。				
计划	以讨论的方式完成勺工工艺，教师审核任务书。				
实施	1. 教师检查学生仪容仪表。 2. 教师对勺工工艺进行规范操作。 3. 教师监控学生练习勺工过程并及时纠正错误。 4. 教师对作品进行检查，记录在任务书中。				
检查	1. 完成勺工后，学生要对场地进行清洗，教师监控。 2. 对学生勺工进行评价。				
评价	1. 根据勺工进行评价，学生自评、互评和教师评价。 2. 学生根据教师意见完成课后作业。				

 勺工技能

勺工工艺一体化课程任务书

班级	小组	课题	日期

任务内容

任务实施

小组任务实施

卫生安全

学习任务 1—7　勺工工艺之前翻

【课题目标】
通过训练使学生掌握勺工工艺——前翻的方法。

【课题任务】
熟练掌握前翻的操作方法,进一步形成技能、技巧。

【课题要点】
前翻的方法。

【课题难点】
前翻的应用。

【课题准备】

一、器具及原料
器具:灶具、练功架、大勺、手勺、耳锅。
原料:砂子、蔬菜、淀粉。

二、翻勺前准备
1. 大勺、手勺每人一把,每人一工位,砂子 1.5 斤,加水少许,保持砂子湿润。
2. 清理地面、灶台,保持地面不打滑。
3. 前后左右保持一定距离,防止翻勺时碰伤人。

三、勺工工艺
前翻又称顺翻,是指将原料由炒勺的前端向勺柄方向翻动,左手握住勺(或锅耳),炒勺向前倾斜,先向后轻拉,再迅速向前送出,以灶口边为支点,炒勺底部紧贴灶口边沿呈弧形下滑,至炒勺前端还未触碰到灶口前沿时,将炒勺的前端略翘,快速向后勾拉,使原料翻转。

勺工技能

四、操作要点及注意事项

先将原料滑送到炒勺的前端,然后顺势依靠腕力快速向后勾拉,使原料翻转。这"拉、送、勾拉"三个动作要连贯、敏捷、协调、利落。

【课题互动】

一、演示勺工工艺

在一体化实训室里为学生演示勺工工艺的前翻,按步骤逐一讲解和示范,循序渐进,姿势动作规范,使学生在练习前翻时能正确规范地完成。

二、指导学生完成勺工工艺

在学生练习时,明确思想,高标准严要求,引导学生运用正确的前翻方法,纠正错误,提出和改正不足,使学生充分理解勺工工艺的作用。

三、课题总结

填写一体化评估表,树立手脑并用,理论联系实际的学习方法,培养爱岗敬业的工作态度,根据练习情况,学生自评、互评和教师评价。做好器具维护,卫生清洁及安全工作。

【课题评估】

能熟练掌握勺工工艺,并且掌握正确的前翻方法,双手协调,动作规范,卫生清洁。

学习任务1-7 勺工工艺之前翻

勺工工艺一体化课程评估表

姓名	班级	课题	授课教师	课时	节次
勺工工艺流程		学生评价		小组评价	

学生作品课题要求

形象	站姿	持勺	表情	散落	连贯	配合	卫生	时间	安全
教师评价			评估小组评价			教研室评价			

餐旅商贸系签批： 烹调教研室签批： 年 月 日

 勺工技能

勺工工艺一体化课程
勺工工艺学习情境工作页（八）

授课班级		授课教师		授课时间节次	
教学组织和方法：工学一体					
情景名称		教学方法	任务教学法 演示教学法	学时	
工作任务	讲授演示				
资讯	1. 了解任务目标，作品要求。 2. 正确选择原料，规范操作。 3. 教师将勺工任务书发给学生。 4. 教师采用PPT课件讲解勺工工艺，要点难点。 5. 掌握学生勺工工艺的情况，并提出不足加以改进。				
决策	1. 教师给学生提供原料、工具、并提示安全使用要求。 2. 教师为咨询者，接受学生咨询并及时解决问题。 3. 将学生分组进行讨论。				
计划	以讨论的方式完成勺工工艺，教师审核任务书。				
实施	1. 教师检查学生仪容仪表。 2. 教师对勺工工艺进行规范操作。 3. 教师监控学生练习勺工过程并及时纠正错误。 4. 教师对作品进行检查，记录在任务书中。				
检查	1. 完成勺工后，学生要对场地进行清洗，教师监控。 2. 对学生勺工进行评价。				
评价	1. 根据勺工进行评价，学生自评、互评和教师评价。 2. 学生根据教师意见完成课后作业。				

学习任务1-7　勺工工艺之前翻

勺工工艺一体化课程任务书

班级	小组	课题	日期

任务内容

任务实施

小组任务实施

卫生安全

学习任务1—8 勺工工艺之后翻

【课题目标】

通过训练使学生掌握勺工工艺——后翻的方法。

【课题任务】

熟练掌握前翻的操作方法，进一步形成技能、技巧。

【课题要点】

后翻的方法。

【课题难点】

后翻的应用。

【课题准备】

一、器具及原料

器具：灶具、练功架、大勺、手勺。

原料：砂子、蔬菜、淀粉。

二、翻勺前准备

1. 大勺、手勺每人一把，每人一工位，砂子1.5斤，加水少许，保持砂子湿润。

2. 清理地面、灶台，保持地面不打滑。

3. 前后左右保持一定距离，防止翻勺时碰伤人。

三、勺工工艺

后翻又称倒翻：左手握住勺柄，先迅速后拉，使炒勺中原料移至炒勺后端，同时向上托起，当托至大臂与小臂成90°角时，顺势快速前送，使原料翻转。

四、操作要点及注意事项

向后拉的动作和向上托的动作要同时进行，动作要迅速，使炒勺向上呈弧形运动，当原料运行至炒勺后端边沿时，快速前送，"拉、托、送"三个动作要连贯协调，不可脱节。

学习任务1-8 勺工工艺之后翻

【课题互动】

一、演示勺工工艺

在一体化实训室里为学生演示勺工工艺的后翻，按步骤，逐一讲解和示范，循序渐进，姿势动作规范，使学生在练习后翻时能正确规范的完成。

二、指导学生完成勺工工艺

在学生练习时，明确思想，高标准严要求，引导学生运用正确的后翻方法，纠正错误，提出和改正不足，使学生充分理解勺工工艺的作用。

三、课题总结

填写一体化评估表，树立手脑并用，理论联系实际的学习方法，培养爱岗敬业的工作态度，根据练习情况，学生自评、互评和教师评价。做好器具维护，卫生清洁及安全工作。

四、布置作业

【课题评估】

能熟练掌握勺工工艺，并且掌握正确的后翻方法，双手协调动作规范卫生清洁。

 勺工技能

勺工工艺一体化课程评估表

姓名	班级	课题	授课教师	课时	节次

勺工工艺流程	学生评价	小组评价

学生作品课题要求

形象	站姿	持勺	表情	散落	连贯	配合	卫生	时间	安全

教师评价	评估小组评价	教研室评价

餐旅商贸系签批： 烹调教研室签批： 年 月 日

学习任务1-8 勺工工艺之后翻

勺工工艺一体化课程
勺工工艺学习情境工作页（九）

授课班级		授课教师		授课时间节次	
教学组织和方法：工学一体					
情景名称		教学方法	任务教学法 演示教学法	学时	
工作任务	讲授演示				
资讯	1. 了解任务目标，作品要求。 2. 正确选择原料，规范操作。 3. 教师将勺工任务书发给学生。 4. 教师采用PPT课件讲解勺工工艺，要点难点。 5. 掌握学生勺工工艺的情况，并提出不足加以改进。				
决策	1. 教师给学生提供原料，工具并提示安全使用要求。 2. 教师为咨询者，接受学生咨询并及时解决问题。 3. 将学生分组进行讨论。				
计划	以讨论的的方式完成勺工工艺，教师审核任务书。				
实施	1. 教师检查学生仪容仪表。 2. 教师对勺工工艺进行规范操作。 3. 教师监控学生练习勺工过程并及时纠正错误。 4. 教师对作品进行检查，记录在任务书中。				
检查	1. 完成勺工后，学生要对场地进行清洗，教师监控。 2. 对学生勺工进行评价。				
评价	1. 根据勺工进行评价，学生自评，互评和教师评价。 2. 学生根据教师意见完成家庭作业。				

 勺工技能

勺工工艺一体化课程任务书

班级	小组	课题	日期

任务内容

任务实施

小组任务实施

卫生安全

学习任务1—9 勺工工艺之左侧翻

【课题目标】

通过训练使学生掌握勺工工艺——左侧翻的方法。

【课题任务】

熟练掌握左侧翻的操作方法,进一步形成技能、技巧。

【课题要点】

左侧翻的方法。

【课题难点】

左侧翻的应用。

【课题准备】

一、器具及原料

器具:灶具、练功架、大勺、手勺。

原料:砂子、蔬菜、淀粉。

二、翻勺前准备

1. 大勺、手勺每个人一把,一工位,砂子1.5斤,加水少许,保持砂子湿润。

2. 清理地面、灶台,保持地面不打滑。

3. 前后左右保持一定距离,防止翻勺时碰伤人。

三、勺工工艺

1. 左手持大勺掌心向右,右手持手勺手勺与大勺成一定角度。

2. 大勺先挑起再向后拉,使原料从左边抛起,落在大勺上,也可落在手勺上。右手手勺起到助推的作用。原料可全部翻过也可翻过三分之一。

3. 此方法用于拔丝菜肴原料的出勺。

四、操作要点及注意事项

1. 侧翻是利用左手腕力的翻动和右手手勺的推动使原料翻过的

勺工技能

方法，因此在实战中要以左手为主右手为辅，左右手相互配合。

2. 动作幅度适中，保证翻勺的稳定，这主要在于左手控制。左手掌握平衡，不使之偏离。

3. 翻勺无抛洒，此种方法主要用于拔丝菜肴，少许的失误就会造成烫伤，所以要格外注意。

4. 行业中多以左手持大勺的操作者应用。

【课题互动】

一、演示勺工工艺

在一体化实训室里为学生演示勺工工艺的左侧翻，按步骤，逐一讲解和示范，循序渐进，姿势动作规范，使学生在练习左侧翻时能正确规范的完成。

二、指导学生完成勺工工艺

在学生练习时，明确思想，高标准严要求，引导学生运用正确的左侧翻方法，纠正错误，提出和改正不足，使学生充分理解勺工工艺的作用。

三、课题总结

填写一体化评估表，树立手脑并用，理论联系实际的学习方法，培养爱岗敬业的工作态度，根据练习情况，学生自评，互评和教师评价。做好器具维护，卫生清洁及安全工作。

四、布置作业

【课题评估】

能熟练掌握勺工工艺，并且掌握正确的左侧翻方法，双手协调，动作规范卫生清洁。

学习任务1-9 勺工工艺之左侧翻

勺工工艺一体化课程评估表

姓名	班级	课题	授课教师	课时	节次

勺工工艺流程	学生评价	小组评价

学生作品课题要求

形象	站姿	持勺	表情	散落	连贯	配合	卫生	时间	安全

教师评价	评估小组评价	教研室评价

餐旅商贸系签批： 烹调教研室签批： 年 月 日

 勺工技能

勺工工艺一体化课程
勺工工艺学习情境工作页（十）

授课班级		授课教师		授课时间节次	
教学组织和方法：工学一体					
情景名称		教学方法	任务教学法 演示教学法	学时	
工作任务	讲授演示				
资讯	1. 了解任务目标，作品要求。 2. 正确选择原料，规范操作。 3. 教师将勺工任务书发给学生。 4. 教师采用PPT课件讲解勺工工艺，要点难点。 5. 掌握学生勺工工艺的情况，并提出不足加以改进。				
决策	1. 教师给学生提供原料，工具并提示安全使用要求。 2. 教师为咨询者，接受学生咨询并及时解决问题。 3. 将学生分组进行讨论。				
计划	以讨论的的方式完成勺工工艺，教师审核任务书。				
实施	1. 教师检查学生仪容仪表。 2. 教师对勺工工艺进行规范操作。 3. 教师监控学生练习勺工过程并及时纠正错误。 4. 教师对作品进行检查，记录在任务书中。				
检查	1. 完成勺工后，学生要对场地进行清洗，教师监控。 2. 对学生勺工进行评价。				
评价	1. 根据勺工进行评价，学生自评，互评和教师评价。 2. 学生根据教师意见完成家庭作业。				

学习任务1-9 勺工工艺之左侧翻

勺工工艺一体化课程任务书

班级	小组	课题	日期

任务内容

任务实施

小组任务实施

卫生安全

学习任务 1—10　勺工工艺之右侧翻

【课题目标】
通过训练使学生掌握勺工工艺——右侧翻的方法。
【课题任务】
熟练掌握右侧翻的操作方法，进一步形成技能、技巧。
【课题要点】
右侧翻的方法。
【课题难点】
右侧翻的应用。
【课题准备】
一、器具及原料
器具：灶具、练功架、大勺、手勺。
原料：砂子、蔬菜、淀粉。
二、翻勺前准备
1. 大勺、手勺每个人一把，一工位，砂子 1.5 斤，加水少许，保持砂子湿润。
2. 清理地面、灶台，保持地面不打滑。
3. 前后左右保持一定距离，防止翻勺时碰伤人。
三、勺工工艺
1. 左手持大勺掌心向右，右手持手勺手勺与大勺成一定角度。
2. 大勺先挑起再向后拉，使原料从右边抛起，落在大勺上，也可落在手勺上。右手手勺起到助推的作用。原料可全部翻过也可翻过三分之一。
3. 此方法用于拔丝菜肴原料的出勺。
四、操作要点及注意事项
1. 侧翻是利用左手腕力的翻动和右手手勺的推动使原料翻过的

学习任务1-10 勺工工艺之右侧翻

方法，因此在实战中要以右手为主左手为辅，左右手相互配合。

2. 动作幅度适中，保证翻勺的稳定，这主要在于右手控制。左手掌握平衡，不使之偏离。

3. 翻勺无抛洒，此种方法主要用于拔丝菜肴，少许的失误就会造成烫伤，所以要格外注意。

4. 行业中多以右手持大勺的操作者应用。

【课题互动】

一、演示勺工工艺

在一体化实训室里为学生演示勺工工艺的右侧翻，按步骤，逐一讲解和示范，循序渐进，姿势动作规范，使学生在练习右侧翻时能正确规范的完成。

二、指导学生完成勺工工艺

在学生练习时，明确思想，高标准严要求，引导学生运用正确的右侧翻方法，纠正错误，提出和改正不足，使学生充分理解勺工工艺的作用。

三、课题总结

填写一体化评估表，树立手脑并用，理论联系实际的学习方法，培养爱岗敬业的工作态度，根据练习情况，学生自评，互评和教师评价。做好器具维护，卫生清洁及安全工作。

四、布置作业

【课题评估】

能熟练掌握勺工工艺，并且掌握正确的右侧翻方法，双手协调，动作规范卫生清洁。

 勺工技能

勺工工艺一体化课程评估表

姓名	班级	课题	授课教师	课时	节次

勺工工艺流程		学生评价	小组评价

学生作品课题要求

形象	站姿	持勺	表情	散落	连贯	配合	卫生	时间	安全

教师评价	评估小组评价	教研室评价

餐旅商贸系签批： 烹调教研室签批： 年 月 日

学习任务1-10 勺工工艺之右侧翻

勺工工艺一体化课程
勺工工艺学习情境工作页（十一）

授课班级		授课教师		授课时间节次	
教学组织和方法：工学一体					
情景名称		教学方法	任务教学法 演示教学法	学时	
工作任务	讲授演示				
资讯	1. 了解任务目标，作品要求。 2. 正确选择原料，规范操作。 3. 教师将勺工任务书发给学生。 4. 教师采用PPT课件讲解勺工工艺，要点难点。 5. 掌握学生勺工工艺的情况，并提出不足加以改进。				
决策	1. 教师给学生提供原料，工具并提示安全使用要求。 2. 教师为咨询者，接受学生咨询并及时解决问题。 3. 将学生分组进行讨论。				
计划	以讨论的的方式完成勺工工艺，教师审核任务书。				
实施	1. 教师检查学生仪容仪表。 2. 教师对勺工工艺进行规范操作。 3. 教师监控学生练习勺工过程并及时纠正错误。 4. 教师对作品进行检查，记录在任务书中。				
检查	1. 完成勺工后，学生要对场地进行清洗，教师监控。 2. 对学生勺工进行评价。				
评价	1. 根据勺工进行评价，学生自评，互评和教师评价。 2. 学生根据教师意见完成家庭作业。				

 勺工技能

勺工工艺一体化课程任务书

班级	小组	课题	日期

任务内容

任务实施

小组任务实施

卫生安全

学习任务1—11 勺工工艺之离灶晃勺

【课题目标】

通过训练使学生掌握勺工工艺——离灶晃勺的方法。

【课题任务】

熟练掌握离灶晃勺的操作方法,进一步形成技能、技巧。

【课题要点】

离灶晃勺的方法。

【课题难点】

离灶晃勺的应用。

【课题准备】

一、器具及原料

器具:灶具、练功架、大勺、手勺。

原料:砂子、蔬菜、淀粉。

二、翻勺前准备

1. 大勺、手勺每个人一把,一工位,砂子1.5斤,加水少许,保持砂子湿润。

2. 清理地面、灶台,保持地面不打滑。

3. 前后左右保持一定距离,防止翻勺时碰伤人。

三、勺工工艺

1. 左手持大勺,掌心向右,手与大勺柄越近越好,但是不要贴上。

2. 大勺内装沙子,无依托,作顺时针或逆时针旋转。

3. 此方法用于需要保持形状菜肴的出勺。

四、操作要点及注意事项

离灶晃勺要求晃动的幅度小,而频率要快,这样才能保证不沾

 勺工技能

勺，菜肴的形状不散。

【课题互动】

一、演示勺工工艺

在一体化实训室里为学生演示勺工工艺的离灶晃勺，按步骤，逐一讲解和示范，循序渐进，姿势动作规范，使学生在练习离灶晃勺时能正确规范的完成。

二、指导学生完成勺工工艺

在学生练习时，明确思想，高标准严要求，引导学生运用正确的离灶晃勺方法，纠正错误，提出和改正不足，使学生充分理解勺工工艺的作用。

三、课题总结

填写一体化评估表，树立手脑并用，理论联系实际的学习方法，培养爱岗敬业的工作态度，根据练习情况，学生自评，互评和教师评价。做好器具维护，卫生清洁及安全工作。

四、布置作业

【课题评估】

能熟练掌握勺工工艺，并且掌握正确的离灶晃勺方法，双手协调，动作规范卫生清洁。

学习任务1-11 勺工工艺之离灶晃勺

勺工工艺一体化课程评估表

姓名	班级	课题	授课教师	课时	节次

勺工工艺流程	学生评价	小组评价

学生作品课题要求

形象	站姿	持勺	表情	散落	连贯	配合	卫生	时间	安全

教师评价	评估小组评价	教研室评价

餐旅商贸系签批： 烹调教研室签批： 年 月 日

 勺工技能

勺工工艺一体化课程
勺工工艺学习情境工作页（十二）

授课班级		授课教师		授课时间节次	
教学组织和方法：工学一体					
情景名称		教学方法	任务教学法 演示教学法	学时	
工作任务	讲授演示				
资讯	1. 了解任务目标，作品要求。 2. 正确选择原料，规范操作。 3. 教师将勺工任务书发给学生。 4. 教师采用PPT课件讲解勺工工艺，要点难点。 5. 掌握学生勺工工艺的情况，并提出不足加以改进。				
决策	1. 教师给学生提供原料，工具并提示安全使用要求。 2. 教师为咨询者，接受学生咨询并及时解决问题。 3. 将学生分组进行讨论。				
计划	以讨论的的方式完成勺工工艺，教师审核任务书。				
实施	1. 教师检查学生仪容仪表。 2. 教师对勺工工艺进行规范操作。 3. 教师监控学生练习勺工过程并及时纠正错误。 4. 教师对作品进行检查，记录在任务书中。				
检查	1. 完成勺工后，学生要对场地进行清洗，教师监控。 2. 对学生勺工进行评价。				
评价	1. 根据勺工进行评价，学生自评，互评和教师评价。 2. 学生根据教师意见完成家庭作业。				

学习任务1-11 勺工工艺之离灶晃勺

勺工工艺一体化课程任务书

班级	小组	课题	日期

任务内容

任务实施

小组任务实施

卫生安全

学习任务1—12 勺工工艺之灶上晃勺

【课题目标】
通过训练使学生掌握勺工工艺——灶上晃勺的方法。

【课题任务】
熟练掌握灶上晃勺的操作方法,进一步形成技能、技巧。

【课题要点】
灶上晃勺的方法。

【课题难点】
灶上晃勺的应用。

【课题准备】

一、器具及原料
器具:灶具、练功架、大勺、手勺。

原料:砂子、蔬菜、淀粉。

二、翻勺前准备
1. 大勺、手勺每个人一把,一工位,砂子1.5斤,加水少许,保持砂子湿润。

2. 清理地面、灶台,保持地面不打滑。

3. 前后左右保持一定距离,防止翻勺时碰伤人。

三、勺工工艺
1. 左手持大勺,掌心向右,手与大勺柄越近越好,但是不要贴上。

2. 大勺内装沙子,以灶眼后部为依托,作顺时针或逆时针旋转。

3. 此方法用于靠、烧等类菜肴的加热。

四、操作要点及注意事项
灶上晃勺要以灶眼的后部为依托,不能偏离,否则会烫着手。

学习任务1-12 勺工工艺之灶上晃勺

更不能离火眼太远，那样就失去了加热的意义

【课题互动】

一、演示勺工工艺

在一体化实训室里为学生演示勺工工艺的灶上晃勺，按步骤，逐一讲解和示范，循序渐进，姿势动作规范，使学生在练习灶上晃勺时能正确规范的完成。

二、指导学生完成勺工工艺

在学生练习时，明确思想，高标准严要求，引导学生运用正确的灶上晃勺方法，纠正错误，提出和改正不足，使学生充分理解勺工工艺的作用。

三、课题总结

填写一体化评估表，树立手脑并用，理论联系实际的学习方法，培养爱岗敬业的工作态度，根据练习情况，学生自评，互评和教师评价。做好器具维护，卫生清洁及安全工作。

四、布置作业

【课题评估】

能熟练掌握勺工工艺，并且掌握正确的灶上晃勺方法，双手协调，动作规范卫生清洁。

 勺工技能

勺工工艺一体化课程评估表

姓名	班级	课题	授课教师	课时	节次

勺工工艺流程	学生评价	小组评价

学生作品课题要求

形象	站姿	持勺	表情	散落	连贯	配合	卫生	时间	安全

教师评价	评估小组评价	教研室评价

餐旅商贸系签批：　　烹调教研室签批：　　年　月　日

学习任务1-12 勺工工艺之灶上晃勺

勺工工艺一体化课程
勺工工艺学习情境工作页（十三）

授课班级		授课教师		授课时间节次	
教学组织和方法：工学一体					
情景名称		教学方法	任务教学法 演示教学法	学时	
工作任务	讲授演示				
资讯	1. 了解任务目标，作品要求。 2. 正确选择原料，规范操作。 3. 教师将勺工任务书发给学生。 4. 教师采用PPT课件讲解勺工工艺，要点难点。 5. 掌握学生勺工工艺的情况，并提出不足加以改进。				
决策	1. 教师给学生提供原料，工具并提示安全使用要求。 2. 教师为咨询者，接受学生咨询并及时解决问题。 3. 将学生分组进行讨论。				
计划	以讨论的方式完成勺工工艺，教师审核任务书。				
实施	1. 教师检查学生仪容仪表。 2. 教师对勺工工艺进行规范操作。 3. 教师监控学生练习勺工过程并及时纠正错误。 4. 教师对作品进行检查，记录在任务书中。				
检查	1. 完成勺工后，学生要对场地进行清洗，教师监控。 2. 对学生勺工进行评价。				
评价	1. 根据勺工进行评价，学生自评，互评和教师评价。 2. 学生根据教师意见完成家庭作业。				

 勺工技能

勺工工艺一体化课程任务书

班级	小组	课题	日期

任务内容

任务实施

小组任务实施

卫生安全

学习任务 1—13　勺工工艺之晃勺淋汁

【课题目标】
通过训练使学生掌握勺工工艺——晃勺淋汁的方法。

【课题任务】
熟练掌握晃勺淋汁的操作方法，进一步形成技能、技巧。

【课题要点】
晃勺淋汁的方法。

【课题难点】
晃勺淋汁的应用。

【课题准备】

一、器具及原料
器具：灶具、练功架、大勺、手勺。

原料：砂子、蔬菜、淀粉。

二、翻勺前准备
1. 大勺、手勺每个人一把，一工位，砂子 1.5 斤，加水少许，保持砂子湿润。

2. 清理地面、灶台，保持地面不打滑。

3. 前后左右保持一定距离，防止翻勺时碰伤人。

三、勺工工艺
1. 左手持大勺，掌心向右，手与大勺柄越近越好，但是不要贴上。

2. 大勺内装沙子，无依托，或以灶眼后部为依托，作顺时针或逆时针旋转。

3. 右手持手勺，舀起少许沙子，边抖动边将沙子淋入大勺内。

4. 此种方法用于菜肴的勾芡。

勺工技能

四、操作要点及注意事项

晃勺淋汁是难度比较大的勺工技法，关键是左右手的配合，大勺内砂子的旋转与手勺砂子的抛落是同步进行的，要求砂子落在砂子上，绝不能落在大勺上。

【课题互动】

一、演示勺工工艺

在一体化实训室里为学生演示勺工工艺的晃勺淋汁，按步骤，逐一讲解和示范，循序渐进，姿势动作规范，使学生在练习晃勺淋汁时能正确规范的完成。

二、指导学生完成勺工工艺

在学生练习时，明确思想，高标准严要求，引导学生运用正确的晃勺淋汁方法，纠正错误，提出和改正不足，使学生充分理解勺工工艺的作用。

三、课题总结

填写一体化评估表，树立手脑并用，理论联系实际的学习方法，培养爱岗敬业的工作态度，根据练习情况，学生自评，互评和教师评价。做好器具维护，卫生清洁及安全工作。

四、布置作业

【课题评估】

能熟练掌握勺工工艺，并且掌握正确的晃勺淋汁方法，双手协调，动作规范卫生清洁。

学习任务1-13 勺工工艺之晃勺淋汁

勺工工艺一体化课程评估表

姓名	班级	课题	授课教师	课时	节次

勺工工艺流程	学生评价	小组评价

学生作品课题要求

形象	站姿	持勺	表情	散落	连贯	配合	卫生	时间	安全

教师评价	评估小组评价	教研室评价

餐旅商贸系签批：   烹调教研室签批：   年   月   日

 勺工技能

勺工工艺一体化课程
勺工工艺学习情境工作页（十四）

授课班级		授课教师		授课时间节次	
教学组织和方法：工学一体					
情景名称		教学方法	任务教学法 演示教学法	学时	
工作任务	讲授演示				
资讯	1. 了解任务目标，作品要求。 2. 正确选择原料，规范操作。 3. 教师将勺工任务书发给学生。 4. 教师采用 PPT 课件讲解勺工工艺，要点难点。 5. 掌握学生勺工工艺的情况，并提出不足加以改进。				
决策	1. 教师给学生提供原料，工具并提示安全使用要求。 2. 教师为咨询者，接受学生咨询并及时解决问题。 3. 将学生分组进行讨论。				
计划	以讨论的的方式完成勺工工艺，教师审核任务书。				
实施	1. 教师检查学生仪容仪表。 2. 教师对勺工工艺进行规范操作。 3. 教师监控学生练习勺工过程并及时纠正错误。 4. 教师对作品进行检查，记录在任务书中。				
检查	1. 完成勺工后，学生要对场地进行清洗，教师监控。 2. 对学生勺工进行评价。				
评价	1. 根据勺工进行评价，学生自评、互评和教师评价。 2. 学生根据教师意见完成家庭作业。				

学习任务1-13　勺工工艺之晃勺淋汁

勺工工艺一体化课程任务书

班级	小组	课题	日期

任务内容

任务实施

小组任务实施

卫生安全

77

学习任务 1—14 勺工工艺之松勺

【课题目标】
通过训练使学生掌握勺工工艺——松勺的方法。
【课题任务】
熟练掌握松勺的操作方法,进一步形成技能、技巧。
【课题要点】
松勺的基本方法。
【课题难点】
松勺的应用。
【课题准备】
一、器具及原料
器具:灶具、练功架、大勺、手勺。
原料:砂子、蔬菜、淀粉。
二、翻勺前准备
1. 大勺、手勺每个人一把,一工位,砂子 1.5 斤,加水少许,保持砂子湿润。
2. 清理地面、灶台,保持地面不打滑。
3. 前后左右保持一定距离,防止翻勺时碰伤人。
三、勺工工艺
1. 左手持大勺,掌心向右,手与大勺柄越近越好,但是不要贴上。
2. 大勺内装沙子,放在灶眼上,用力松动大勺,使大勺前后晃动,或左右晃动,而沙子不动。
3. 此种方法用于炖菜,防止粘勺,而又不能用手勺搅动,只有采用松勺的技法。

学习任务1-14　勺工工艺之松勺

四、操作要点及注意事项

松勺动作要快,幅度要小,大勺回位要快,用的是寸劲。

【课题互动】

一、演示勺工工艺

在一体化实训室里为学生演示勺工工艺的松勺,按步骤,逐一讲解和示范,循序渐进,姿势动作规范,使学生在练习晃松勺时能正确规范的完成。

二、指导学生完成勺工工艺

在学生练习时,明确思想,高标准严要求,引导学生运用正确的松勺方法,纠正错误,提出和改正不足,使学生充分理解勺工工艺的作用。

三、课题总结

填写一体化评估表,树立手脑并用,理论联系实际的学习方法,培养爱岗敬业的工作态度,根据练习情况,学生自评,互评和教师评价。做好器具维护,卫生清洁及安全工作。

四、布置作业

【课题评估】

能熟练掌握勺工工艺,并且掌握正确的松勺方法,双手协调,动作规范卫生清洁。

 勺工技能

勺工工艺一体化课程评估表

姓名	班级	课题	授课教师	课时	节次

勺工工艺流程	学生评价	小组评价

学生作品课题要求

形象	站姿	持勺	表情	散落	连贯	配合	卫生	时间	安全

教师评价	评估小组评价	教研室评价

餐旅商贸系签批： 烹调教研室签批： 年 月 日

学习任务1-14 勺工工艺之松勺

勺工工艺一体化课程
勺工工艺学习情境工作页（十五）

授课班级		授课教师		授课时间节次	
教学组织和方法：工学一体					
情景名称		教学方法	任务教学法 演示教学法	学时	
工作任务	讲授演示				
资讯	1. 了解任务目标，作品要求。 2. 正确选择原料，规范操作。 3. 教师将勺工任务书发给学生。 4. 教师采用PPT课件讲解勺工工艺，要点难点。 5. 掌握学生勺工工艺的情况，并提出不足加以改进。				
决策	1. 教师给学生提供原料，工具并提示安全使用要求。 2. 教师为咨询者，接受学生咨询并及时解决问题。 3. 将学生分组进行讨论。				
计划	以讨论的的方式完成勺工工艺，教师审核任务书。				
实施	1. 教师检查学生仪容仪表。 2. 教师对勺工工艺进行规范操作。 3. 教师监控学生练习勺工过程并及时纠正错误。 4. 教师对作品进行检查，记录在任务书中。				
检查	1. 完成勺工后，学生要对场地进行清洗，教师监控。 2. 对学生勺工进行评价。				
评价	1. 根据勺工进行评价，学生自评，互评和教师评价。 2. 学生根据教师意见完成家庭作业。				

 勺工技能

勺工工艺一体化课程任务书

班级	小组	课题	日期

任务内容

任务实施

小组任务实施

卫生安全

学习任务 1—15　勺工工艺之大翻勺

【课题目标】
通过训练使学生掌握勺工工艺——大翻勺的方法。
【课题任务】
熟练掌握大翻勺的操作方法，进一步形成技能、技巧。
【课题要点】
大翻勺的基本技法。
【课题难点】
大翻勺的应用。
【课题准备】
一、器具及原料
器具：灶具、练功架、大勺、手勺。
原料：砂子、蔬菜、淀粉。
二、翻勺前准备
1. 大勺、手勺每个人一把，一工位，砂子 1.5 斤，加水少许，保持砂子湿润。
2. 清理地面、灶台，保持地面不打滑。
3. 前后左右保持一定距离，防止翻勺时碰伤人。
三、勺工工艺
大翻勺是将原料成饼状抛起，翻转 180 度，再完整接住的翻勺技法，它要求原料不散不乱，无抛洒，难度较大，是翻勺的最高境界。大翻勺可用于加热的不同阶段，有些菜在烹调初期如煎鱼或煎豆腐等，当一面煎黄后，通过一个大翻勺使原料翻个，再煎另一面，要利索快捷；还有的菜在烹调后期卤汁收稠勾芡后，通过大翻勺使原料颜色最佳的一面翻上来，以扒入法或托入法装盘，菜形显得整齐，外观更美。我们根据接料角度的不同，将大翻勺分为：直式大翻、侧式大翻、侧外大翻三种翻勺方式：

1. 直式大翻：即原料从身体的前部翻过来，这种翻勺方式很直接，简单易行，主要用于无芡汁的原料，或整体原料。

2. 侧式大翻：即原料从身体的左侧翻过来，这种翻勺方式有些难度，用于芡汁较少的原料。

3. 侧外大翻：即原料从身体的左侧翻过来，并且勺头向外，用于芡汁较大的原料。

另外，我们说，大翻勺目的是使原料全部翻过，形整不乱，无抛洒，姿势优美，只要做到这几点，那就是正确，至于翻勺的角度，抛起的高度，手勺的配合程度，都不重要。

四、操作方法

1. 左手握大勺，掌心向下或向右，右手握手勺，紧靠手勺的后部
2. 晃勺；右手晃动大勺，使砂子在勺内转动，为大翻作准备
3. 大勺向上，向后同时用力，使原料腾空并保持饼状，翻转180度。
4. 在身体的前下部，或左下部将原料接住。
5. 大翻勺用于扒菜，煎菜，烧菜的预熟处理。

五、操作要点及注意事项

1. 大翻勺是难度最大的一种翻勺方式，需要强劲的腕力，精熟的翻勺基本功训练，因此在大翻之前，必须先学会以上几种翻勺技法，循序渐进，才能逐步提高。

2. 大翻勺初看时是一步完成，但是它却是几步的结合，先握勺，再送出，将原料抛起，在落下的瞬间接住，收，转，送，扬，接，一气呵成，不能犹豫，更不能停顿。

3. 转，是一个关键，操作者将勺端平，按顺时针方向转动，使原料在勺内旋转，其作用一使原料与勺壁接触而打滑，为顺利抛出减少阻力使煎烧的一面增加光洁度，美化外观；另一方面选定原料的最佳方位把握平衡。作用三是在旋转的过程中感觉摩擦力，决定使用多大的力量反动原料。在这个阶段，有经验的厨师总是将收与转同时应用，力量配合的特别得当。

4. 将原料扬起，是最关键的一步，它是向上扬，向后拉的二力结合，扬的力量过大原料翻不过来，拉的力量过大，原料容易散乱，二力有机结合，才能使原料抛起成饼状全部翻过。它是一种爆发力，

学习任务1-15 勺工工艺之大翻勺

又是一种巧劲,使原料沿着勺壁的弧度抛向空中做翻转运动。用力的大小与原料的重量和抛距的高低而定,抛距的高低又与原料的面积而定,原料面积大,其周转幅度大,抛距要相应的增长。同时大勺与原料之间的摩擦力,即光滑度不同也决定用力的大小。

5. 向上扬和向后拉究竟哪个力量较大,这是一个复杂的问题,它与多方面原因有关;比如原料与大勺的摩擦力,勺中汁水的多少,原料的受热面积都有关系,得具体情况具体处理。总之送与扬是大翻勺中难度最大的关键动作,只有在实践中反复锻炼,体味,才能掌握其要领。

6. 接,即托,是在原料抛出翻转趋于平衡时用大勺接住。并在刚巧接料的同时下降一段距离,顺势下降是以延长碰撞时间来减少碰撞力得到缓冲,使原料不至于受震动而形状散乱。大翻时身体要站稳,接料时脚步要有所配合,左脚退一步,半步,或原地站稳,绝不能退几步。灶房地滑,很容易失去重心滑倒。

【课题互动】

一、演示勺工工艺

在一体化实训室里为学生演示勺工工艺的大翻勺,按步骤,逐一讲解和示范,循序渐进,姿势动作规范,使学生在练习大翻勺时能正确规范的完成。

二、指导学生完成勺工工艺

在学生练习时,明确思想,高标准严要求,引导学生运用正确的大翻勺方法,纠正错误,提出和改正不足,使学生充分理解勺工工艺的作用。

三、课题总结

填写一体化评估表,树立手脑并用,理论联系实际的学习方法,培养爱岗敬业的工作态度,根据练习情况,学生自评,互评和教师评价。做好器具维护,卫生清洁及安全工作。

四、布置作业

【课题评估】

能熟练掌握勺工工艺,并且掌握正确的大翻勺方法,双手协调,动作规范卫生清洁。

 勺工技能

勺工工艺一体化课程评估表

姓名	班级	课题	授课教师	课时	节次

勺工工艺流程	学生评价	小组评价

学生作品课题要求

形象	站姿	持勺	表情	散落	连贯	配合	卫生	时间	安全

教师评价	评估小组评价	教研室评价

餐旅商贸系签批： 烹调教研室签批： 年 月 日

学习任务1-15 勺工工艺之大翻勺

勺工工艺一体化课程
勺工工艺学习情境工作页（十六）

授课班级		授课教师		授课时间节次	
教学组织和方法：工学一体					
情景名称		教学方法	任务教学法 演示教学法	学时	
工作任务	讲授演示				
资讯	1. 了解任务目标，作品要求。 2. 正确选择原料，规范操作。 3. 教师将勺工任务书发给学生。 4. 教师采用PPT课件讲解勺工工艺，要点难点。 5. 掌握学生勺工工艺的情况，并提出不足加以改进。				
决策	1. 教师给学生提供原料，工具并提示安全使用要求。 2. 教师为咨询者，接受学生咨询并及时解决问题。 3. 将学生分组进行讨论。				
计划	以讨论的的方式完成勺工工艺，教师审核任务书。				
实施	1. 教师检查学生仪容仪表。 2. 教师对勺工工艺进行规范操作。 3. 教师监控学生练习勺工过程并及时纠正错误。 4. 教师对作品进行检查，记录在任务书中。				
检查	1. 完成勺工后，学生要对场地进行清洗，教师监控。 2. 对学生勺工进行评价。				
评价	1. 根据勺工进行评价，学生自评，互评和教师评价。 2. 学生根据教师意见完成家庭作业。				

 勺工技能

勺工工艺一体化课程任务书

班级	小组	课题	日期

任务内容

任务实施

小组任务实施

卫生安全

学习任务 1—16　勺工工艺之出勺

【课题目标】
通过训练使学生掌握勺工工艺——出勺的方法。
【课题任务】
熟练掌握出勺的操作方法，进一步形成技能、技巧。
【课题要点】
出勺的操作方法
【课题难点】
出勺的应用。
【课题准备】
一、器具及原料
器具：灶具、练功架、大勺、手勺。
原料：砂子、蔬菜、淀粉。
二、翻勺前准备
1. 大勺、手勺每个人一把、一工位，砂子 1.5 斤，加水少许，保持砂子湿润。
2. 清理地面，灶台，保持地面不打滑。
3. 前后左右保持一定距离，防止翻勺时碰伤人。
三、勺工工艺
出勺是勺工的一个重要内容，也是烹调过程中的一个重要环节，特别是讲究菜型大翻勺菜。出勺落盘必须保持整齐，美观和原型。出勺不仅要有技术性，还要有较高的艺术性。不同技法、同类型的菜肴，都有不同的出勺技法。如拖入法、盛入法、扣入法、倒入法、扒入法等。
（一）拖入法
1. 左手持大勺，持勺从盘子的右边，迅速向左边移动，一边移动，一边拖倒，使勺内菜肴均匀托入盘内。不能翻身，必须排列成整齐的平面。

勺工技能

2. 勺离盘角度合适不能太高，也不能太低，否则会影响菜肴的美观，或污染盘面。

3. 拖倒时勺身倾斜，拖倒移动配合，迅速敏捷，干净利落。

4. 有时左手手勺配合，拖，拉交叉使用。

（二）盛入法

1. 左手持大勺，右手持手勺或筷子，把制作成熟的菜肴连大勺一起端到勺托上，用手勺盛入或用筷子夹入盛器。

2. 要求出菜速度快，干净利落，保持盛器卫生。

（三）倒入法

一般多用于炒、熘、爆菜肴的出勺，先将原料倒入手勺，在将其余原料倒入盘内，然后将手勺的原料覆盖上。

总之勺工的学问很多，要熟练的掌握它，特别是小翻，大翻技巧除熟练菜肴知识，各种技法，调节火候外关键是练好基本功。只有在反复实践，掌握勺法的基础上，才能运用自如，恰到好处，烹调出色香味俱佳的菜肴。

【课题互动】

一、演示勺工工艺

在一体化实训室里为学生演示勺工工艺的出勺，按步骤，逐一讲解和示范，循序渐进，姿势动作规范，使学生在练习出勺时能正确规范的完成。

二、指导学生完成勺工工艺

在学生练习时，明确思想，高标准严要求，引导学生运用正确的出勺方法，纠正错误，提出和改正不足，使学生充分理解勺工工艺的作用。

三、课题总结

填写一体化评估表，树立手脑并用，理论联系实际的学习方法，培养爱岗敬业的工作态度，根据练习情况，学生自评，互评和教师评价。做好器具维护，卫生清洁及安全工作。

四、布置作业

【课题评估】

能熟练掌握勺工工艺，并且掌握正确的出勺方法，双手协调，动作规范卫生清洁。

学习任务1-15　勺工工艺之大翻勺

勺工工艺一体化课程评估表

姓名	班级	课题	授课教师	课时	节次

勺工工艺流程	学生评价	小组评价

学生作品课题要求

形象	站姿	持勺	表情	散落	连贯	配合	卫生	时间	安全

教师评价	评估小组评价	教研室评价

餐旅商贸系签批：　　烹调教研室签批：　　年　月　日